POUR UNE AIDE PSYCHOLOGIQUE
DES JEUNES DE BANLIEUES

VKY

Editions Canaan

Traumatismes

L'expérience migratoire africaine en Europe a été exploitée à des fins politiques cyniques. Pris au piège dans une condition statique, le migrant est plongé au coeur d'un schéma fait de manipulations et de stratégies manichéennes de la part des autorités. Il est à la fois perçu comme une source de conflits et de solutions. Toutefois, il est important de souligner que la réalité est bien loin de la narration simpliste portée en avant par les médias.

Il n'y a pas d'immigration, mais des migrations qui diffèrent en fonction des pays et de la provenance ethnique des nouvelles populations. L'histoire a prouvé que l'immigration africaine n'est pas une

3

migration de choix mais qu'elle s'inscrit dans la continuité d'une dépopulation et d'un exode contrôlé de l'Afrique, soit la conséquence directe des guerres et conflits économiques et sociaux causés par le néo-colonialisme.

Quel est l'impact psychologique de l'expérience migratoire chez les populations africaines immigrées?

Une fois arrivées en nouvelle terre dite d'accueil, ces populations sont aussitôt isolées, évoluant en marge de la Nation dans la précarité et le rejet social. Leurs expériences ne sont pas prises en compte et tous sont placés sous la même catégorie, rassemblés sous le facteur «couleur».

Le parcours du migrant se résume donc à ceci: 1) déracinement 2)brisure
3) exténuation 4) repos dans la précarité.

Les immigrés ne sont pas classifiés et individualisés mais plutôt forcés d'évoluer en groupe. Ce mépris voulu des autorités à leur égard est la cause première de leurs frustrations car il nourrit l'invisibilité et nie leur part d'humanité. Les vies sont effacées et les passés ne comptent plus. Il n'est pas rare d'entendre, à l'écoute de récits de jeunes des banlieues, combien la situation familiale varie entre leur expérience africaine et européenne.

Certains parents diplômés et appartenant à la bourgeoisie dans les pays africains ont été privés de la reconnaissance de leur titre durement hérité autrefois. Les institutions ont un seul objectif, celui du brisement psychologique. Celles-ci les écrasent et les dépouillent de leurs identités profondes afin de les marquer du sceau de la douleur. Par la non reconnaissance de leur passé, les autorités amoindrissent non seulement le pouvoir des pays africains mais aussi ce qui fut construit. Il y a là, une forme de colonialisme géographique marquant la supériorité d'un espace sur un autre.

À cela s'ajoute la pression administrative, qui se manifeste par le chantage à la naturalisation. Le processus est une autre forme de fardeau psychologique imposée par un biais indirect.
L'attente précédant l'obtention des documents officiels pour le pays d'accueil vise à animaliser des individus dont l'humanité ne tient plus qu'à un bout de papier.

Cette destruction du mental mène au maintien de la pauvreté en tant que système. Puisqu'ils ont été affaiblis par les administrations, les parents portent en eux le choc du déracinement et ne peuvent penser à renverser la pauvreté systémique dans laquelle ils se trouvent. C'est au coeur de cette structure que de nouvelles générations naissent, coupées d'une vision du monde alternatif.

Contrairement aux mensonges des politiciens libéraux, il n'y a pas de richesse culturelle dans ces sphères d'appauvrissement. Elles sont le symbole du rejet, des vestiges de l'empire colonial français, du racisme et de la pauvreté institutionnelle et cyclique.

Là, les individus ne sont pas complets et demeurent étrangers à leur propre identité. Ils sont des apatrides au sein d'une Nation. Or, nous le savons, tout citoyen équilibré se doit de connaître et de garder ses racines.

Si des voix associatives se sont élevées pour lutter contre l'exclusion sociale et la discrimination raciale, notamment pour le cas des bavures policières, notons que dans leur schéma politique, les autorités se penchent uniquement sur la manifestation de la violence sociale à l'image de celle de Clichy-sous-Bois en 2005.

On associe cette rage à un seul facteur, soit celui de l'isolement, bien qu'en réalité cette colère accumulée soit la conséquence de dysfonctionnements intergénérationnels irréversibles.

La vraie brutalité est celle qui demeure silencieuse et affecte les habitants des banlieues dans le plus grand isolement.

Tabou des maladies mentales au sein de la communauté noire

Les jeunes hommes noirs de banlieues n'ont pas de repos et sont des êtres brisés par un conflit perpétuel, aussi bien social, politique, historique que culturel. Il ne s'agit pas là de faire le travail de manipulation des dirigeants en utilisant ces raisons pour justifier les comportements les plus révoltants et criminels, mais de reconnaître les cités de France et d'Europe occidentale comme des établissements propices à la transmission de maladies mentales dont les fondations sont le racisme, l'exclusion, la pauvreté et la réclusion.

11

Les jeunes sont cruellement déshumanisés et privés d'un espace sain. En ce sens, ils sont des éternels bannis. Leurs tourments prennent source dans la constante dualité de leur expérience. Puisque la France est désormais dépourvue de véritable culture, le consumérisme de masse étant devenu la véritable mère patrie, ils ne peuvent plus se rattacher à une culture extérieure solide et se voient donc dans l'obligation d'évoluer avec des bribes.

L'habitant des cités vit au coeur d'une Nation économiquement puissante sur la scène internationale. Il est un conflit historique vivant puisqu'il porte la nationalité d'un pays qui consolide sa richesse bâtie sur le crime, l'exploitation politique de son pays d'origine.

Ce dernier sait que le but principal des dirigeants de sa nouvelle Nation est de protéger l'acquisition des richesses frauduleuses leur ayant permis de s'établir en tant que puissance internationale.

La brutalité des guerres connues avant la migration est une démonstration concrète de ces destabilisations politiques évoquées plus haut. Le problème ne peut être uniquement résolu par l'obtention d'un travail mais par la reconnaissance de la souffrance, de la fracture opérée par des années d'exclusion sociale injustifiée. La souffrance de l'individu fracturé provient de l'ignorance dont il est le sujet.

On lui nie l'horreur de l'expérience migratoire et ses douleurs sont indirectement perçues comme le fruit de son imagination.

Toutefois, la dernière part de peine provient des familles africaines elles-mêmes. Le processus migratoire n'a pas été établi de façon saine et il n'y a pas eu d'échanges culturels entre l'Afrique et l'Europe, mais plutôt une cristallisation de ces deux opposés. Dans la sphère des banlieues, la pluralité des cultures africaines se pose comme l'antinomie principale du reste de culture fraçaise et cette dernière considère la première comme une ennemie à combattre.

Et dans un climat aussi hostile, chaque camp se bat pour s'imposer dans un rapport déréglé quant à la gestion du pouvoir. Et là, la vision diffère. Les parents africains migrants et les enfants ne partagent pas la même forme d'expérimentation des chocs et des traumatismes. Les premiers ont une capacité dysfonctionnelle à intérioriser sans jamais s'exprimer sur leurs souffrances. Ils encouragent donc leurs enfants à faire de même.

Pourtant, la vision des enfants nés ou ayant grandi dans les banlieues se distingue. Ceux-ci sont au contact d'un nouveau monde qui existe au-delà des murs de banlieues, et expriment leur colère. Mais prisonniers de leurs chaînes

15

mentales et fidèles à leur milieu, ils échouent quant à l'intériorisation et manifestent cette particularité autrement. Donc, les parents africains, par leur éducation et la transmission de la culture du silence face à la misère, deviennent indirectement des sources de petites oppressions pour leurs enfants.

Les jeunes se retrouvent à vivre avec des troubles incompris dans les cultures des parents. Ainsi, en cas de maladie mentale, qu'il s'agisse de dépression, de psychose, de schyzophrénie ou autres, elles ne seront pas reconnues comme des pathologies, mais des tares honteuses. Puisque les familles souffrent d'être marginalisées socialement, elles ne peuvent accepter d'être porteuses de cas déroutants qui pourraient les stigmatiser davantage. Ces troubles sont niés et dans la détresse, ne sachant de quelles manières les aborder, ils sont justifiés par la spiritualité. Or, ils ne sont que l'expression normale des mauvais effets d'un environnement malade.

Dans un monde d'inversion des valeurs à l'image des banlieues, le rapport à l'humain et à l'équilibre mental est perçu différemment. En raison de trop longues années de rejet, les parents africains exigent que leurs enfants se surpassent jusqu'à l'épuisement, refusant de prendre en compte le lot de souffrance de ces derniers. Il est alors fréquent de remarquer chez les jeunes filles aînées noires, un développement précoce, car

utilisées comme mamans de substitution
dès lors que les mères, dépassées par la
brutalité sociale, croupissent sous les
charges.

Les besoins de l'enfant sont inexistants,
voire niés. Il n'a pas droit à sa propre vie
et à sa croissance et sera forcé
d'intérioriser cette frustration tout au
long de son existence. Les jeunes garçons
sont parallèlement soumis à une pression
démesurée. C'est sur leurs épaules que
reposent toute la valorisation de la vie de
la maison et l'image du foyer.

Or, ils ne sont pas pleinement construits
et finissent par se noyer. Depuis quelques
années, la prostitution des jeunes filles
prend son essor dans les quartiers.

Ce phénomène tabou s'inscrit dans la lignée de l'expansion du capitalisme sauvage, de la quête de l'argent facile, les cellules familiales pouvant être brisées. Toutefois, il devient similaire à la pression imposée aux garçons.

Cette disparité provient d'une vision réductrice de la transmission de la culture africaine. L'homme se doit d'être une base et le maître du foyer. Il ne peut donc échouer, pleurer ou s'abattre moralement, là où la jeune fille sous pression peut demander de l'aide sans être reconnue comme une personne faible. L'homme noir doit s'accomplir face à tant d'hostilités extérieures. Il évolue dans l'isolement et souffre de la pauvreté systémique ainsi que du choc des cultures.

Et c'est dans cettre fracture que règne l'hypocrisie de l'éducation africaine auprès des descendants. Le plus pauvre et démuni s'octroie le droit d'imposer des règles plus strictes à ses semblables et à ses enfants.

Puisqu'ils ne peuvent pas se révolter contre leurs parents par respect pour les coutumes africaines, et les considérant comme de vraies victimes du système à protéger, les jeunes hommes noirs ravalent la douleur ou la retournent contre leurs semblables. Cette récession émotionnelle excessive pose la base de la dualité spirituelle aux conséquences parfois irréversibles.

Une violence bien trop présente

La brutalité de l'expérience migratoire a favorisé l'ignorance des jeunes enfants. Si les parents pensent pouvoir résister au traumatisme en le taisant, leurs descendants n'ont jamais pu jouir d'une plateforme leur permettant d'exprimer les chocs vécus. Les individus ayant grandi dans les banlieues sont exposés à un plus grand lot de violence physique que les autres en raison de l'enfermement d'individus accablés par l'accumulation de problèmes psychiatriques non-traités. Qu'ils aient connu l'Afrique ou non, un bon nombre de jeunes des cités a été exposé à une barbarie que les parents normalisent par l'intériorisation. Comme nous l'avons écrit au début de notre chapitre, les parents africains n'ont pas choisi de migrer. En ce sens, ils ont été influencés par des facteurs extérieurs. Dans ces troubles africains, ces enfants sont témoins des pires atrocités. Le stress causé par l'incertitude du lendemain ne les rassure pas. Effrayés par ces horreurs et n'ayant jamais libéré ces paroles, ils se murent dans le silence. L'arrivée dans les banlieues les tuent davantage car elles ne sont pas un espace d'équilibre. Là règne une autre violence, une autre rage, elle-même accumulée. Le nouvel immigré apporte donc sa part de révolte auprès des autres, cristallisant ainsi des décennies de stagnation. C'est dans cette surcharge émotionnelle que les dérives prennent vie. Et les meurtres intracommunautaires aussi.

Quelles solutions apporter?

Il faut dépolitiser le débat sur la banlieue et changer la narration sur cette dernière. Si nous devons apporter des solutions, il est important de reconnaître les quartiers comme un espace malade et nocif. Puis, il nous faut suggérer de replacer l'individu au centre de tout. Il est important d'inverser les tendances en invitant les jeunes hommes et femmes troublés à être reconnus sur le plan médical comme des patients atteints de pathologies.

L'immigration n'a pas favorisé la reconnaissance de l'individu en tant qu'être à part entière, et celui-ci fut donc forcé d'évoluer en groupe, dissimulant ses conflits intérieurs en vue de s'aligner dans la ligne de la normalité dysfonctionnelle de son rang dépouillé par l'administration nationale. Tous sont donc des êtres étouffés. Il est alors nécessaire d'accompagner chaque patient un à un pour lui redonner l'espace dont il nécessite, qui le mènera à l'émergence d'une identité propre.

De l'importance de la création d'un corps médical africain en Europe

Il devient plus qu'urgent de former une union professionnelle et associative du corps médical psychologique. Si le jeune banlieusard grandit dans un environnement qui l'oblige à évoluer en groupe, les médecins noirs sont davantage encouragés à pousser un individualisme professionnel à l'extrême.

Puisqu'ils sont parvenus à se positionner dans les rangs les plus hauts de la société, malgré le racisme, ils seraient plus susceptibles d'abandonner les causes des leurs. Or, qu'il s'agisse de communautarisme ou non, aucun autre professionnel de santé ne serait en mesure de comprendre les ambiguités de la santé mentale d'un jeune Noir si ce n'est son semblable. La création d'une association médicale psychiatrique tenue et formée par des médecins d'origine africaine serait un grand pas vers l'adaptation des structures.

Il faut donc reconnaître la spécificité de l'expérience migratoire africaine tragique et l'incorporer dans la prise en charge médicale. La folie des banlieues et les tueries entre groupes rivaux de jeunes membres prouvent combien les structures ne sont pas adaptées. Les pouvoirs ont décrit une cause quant à la raison des dérives des cités dans leur globalité, mais les jeunes ont besoin de traitements adaptés à leurs particularités familiales spécifiques. Ces structures médicales doivent prendre en charge la reconnaissance des divergences de générations, des traumatismes de guerre, des effets de la paupérisation, de l'absence de projection, de la barbarie, de l'addiction, de la schyzophrénie, de la pscyhose et des autres troubles psychiatriques. L'expérience migratoire a favorisé une séparation des classes sociales entre Noirs, chacun cherchant à préserver ses privilèges dans un climat aussi hostile à notre égard. Le spectre du racisme colonial nous empêche de reconnaître nos pathologies comme traitables au même titre que les autres, le but étant d'exploiter nos cerveaux afin de les mettre au service d'autrui avant les nôtres.

Quelles méthodes?

Des groupes de paroles devraient être mis en place régulièrement pour décomplexer les patients. S'ils sont mis en relation avec d'autres individus partageant les mêmes codes qu'eux, ils seront rassurés et se verront moins exposés à une solitude qui condamne.

Les campagnes devront dénoncer les mensonges formés autour de l'image d'un Africain surhumain. En effet, par peur de nourrir une image néfaste du Noir, les membres de nos communautés refusent souvent de reconnaitre leurs faiblesses, arguant qu'il leur est important d'honorer la mémoire de leurs ancêtres,

autrefois rois et reines. Ce raisonnement
est l'un des plus dangereux car il empêche
à l'individu de se structurer en prenant en
compte ses défauts, ses lourdeurs
spirituelles. Déjà brisés par l'histoire, les
jeunes refusent de courber l'échine face à
l'hostilité du monde extérieur à leur
égard, se sentant redevables d'honorer un
passé glorieux qu'ils méconnaissent. Or,
dans les cas les plus extrêmes, cette
dureté qu'ils s'imposent, mène au suicide.

Il faut accompagner dans les quartiers

La campagne de sensibilisation repositionnera le Noir dans la sphère postcoloniale. Nous souffrons car nous avons vécu des chocs historiques qui nous rongent. Ainsi, les mauvais traitements de l'esclavage et du colonialisme vivent encore en nous, et se traduisent par une constante dissociation de nous mêmes. Nous peinons à prendre possession de nos corps convaincus que ceux-ci n'ont pas droit au bons traitements.

Nous devons aujourd'hui, à nos échelles respectives, briser le silence sur le tabou des maladies mentales auprès des parents africains, par la création de campagnes de sensibilisation, de prévention en vue d'éduquer sur les dangers de la répressions des maladies mentales. Nous devons apprendre que celles-ci ne sont pas honteuses.

Il faut que nous puissions nous retrouver en tant que communauté sans l'intrusion d'autrui, cherchant à rassembler nos facultés au service des autres.